變瘦！　變美！　不容易生病！

最強發酵食！

Nyu-san Cabbage Healthy Recipe

乳酸高麗菜

井澤由美子

常常生活文創

Contents

Chapter 3
解決身體的各種惱人狀況

Chapter 4
不必挨餓的健康減重

「想讓更多的人知道
乳酸高麗菜的力量」
—— 井澤由美子

乳酸高麗菜
的厲害！

簡單、美味、變化多樣，超豐富
美味又營養滿分的乳酸高麗菜，製作簡單，只需要 10 分鐘就 OK。搭配其他的食材，讓料理變化更多樣有趣。

調整腸道功能
腸道是掌管身體 60％免疫系統功能非常重要的器官，乳酸高麗菜內含的乳酸菌可以幫助調整腸道環境，膳食纖維則可以解決便秘問題。

排解累積在體內的毒素
維他命 U（cabagin）具有活化肝臟解毒酵素的作用，也有使頭腦清楚正面思考的效果，同時舒暢身體與心靈。

解決肌膚問題，彈潤光澤好氣色
整頓腸道問題進而提升體內環保，乳酸菌富含維他命 B 群、維他命 C、胺基酸等，使肌膚更健康、美麗。

維持好體力，健康減重
膳食纖維和乳酸菌具有幫助腸道環保以及促進熱量燃燒的作用，維持最佳體態。

探究乳酸高麗菜
的強大威力！

每個人都可以輕鬆完成，容易保存

　　製作過各種發酵食品，超乎想像的沒有一種比製作乳酸高麗菜更加有趣，更蘊含強大威力。**準備工作就只需要高麗菜和鹽巴。**作法也是超級簡單，融合酸味和甜味的好滋味，讓腸道感受無限愉悅舒暢。冷藏保存至少可以維持一個月左右。對於經常腸胃不適，或是蔬菜攝取不足的朋友們簡直是一大福音。

　　我將它稱之為「乳酸高麗菜」。實際上在歐洲國家從很早以前就有人在食用。在德國稱為「Sauerkraut」，法國則稱為「Choucroute」。將富含多種營養素及膳食纖維的高麗菜發酵，進而增加乳酸菌的形成。**在發酵學、預防癌症及各種疾病的食品、中醫醫學裡都算的上是佼佼者。**因為其中也含有酒精分解酵素，所以據說古埃及和希臘國家的皇室貴族們在宴會飲酒前，會先喝上一碗高麗菜湯。

解決身體不適狀況，整頓腸道環境

　　乳酸高麗菜的最大功效，就是其中的乳酸菌能夠整頓腸道環境。乳酸菌原本附著在高麗菜的表面上，加入鹽巴使其引出水分，活化微生物生成，增加乳酸菌活動力。腸道是掌管免疫系統功能的重要器官，進而影響身心健康。乳酸菌能夠幫助好菌活動，抑制壞菌，調整腸道環境。而乳酸高麗菜所含有的植物性乳酸菌，會比動物性乳酸菌被胃酸破壞的機會較少，可直達腸道提高身體自癒力量。近年研究數據顯示，植物性乳酸菌也能夠增生免疫細胞裡的自然殺傷細胞。

　　與乳酸菌並肩作戰，發揮效益的當然就是膳食纖維。乳酸高麗菜中所包含的水溶性膳食纖維被譽名為「**腸道清道夫**」。

　　乳酸菌和膳食纖維，再搭配油脂一起攝取，效果更佳。

腸道是人體的第 2 個「腦」。只要腸道顧好，身體與心靈都能夠正常健康。清爽不膩的酸味口感，也能幫助減緩疲勞？

有助於排毒、抗氧化、健康減重

　　在預防癌症及各種疾病的保健食品群當中，高麗菜是僅次於大蒜位居高位的超級食物。市面上販售的高麗菜精（維他命 U），有促進恢復胃的黏膜組織或腸壁蛋白質合成的作用，幫助改善腎臟功能，進而**排除毒素**。紫高麗菜和藍莓一樣富含花青素，也能夠**減緩眼睛疲勞**。

　　對於肌膚而言，高麗菜就像是豐盛的營養大餐一樣。充滿幫助肌膚吸收膠原蛋白的豐富維他命 C，中醫學裡面也特別提到高麗菜有助於滋養肺部，輸送水分保持滋潤。

　　再者，維他命 B 群能**有效控制膽固醇**，提升代謝功能，持續食用也能**有助於改變成易瘦體質**。

　　乳酸高麗菜的清脆、充滿嚼勁的口感，自然能減少其他碳水化合物的攝取，更能健康控制體重。

也可當作調味料，讓料理變化更多、樂趣無限

　　製作乳酸高麗菜，請務必選用新鮮的高麗菜。所謂的保存食品，並非是將快腐壞的食物進行醃漬發酵，而是為了延長食物的新鮮美味、透過發酵力量來保留住食物的最強效益。雖說高溫會將乳酸菌消滅，但即使消滅也還是能在體內產生作用，因此也相當推薦製作湯品享用。

　　本書的食譜特別選用**搭配乳酸高麗菜能發揮更大效益的食材**，味道當然也是不在話下。請務必嘗試以及感受一下乳酸高麗菜的驚人威力。

乳酸高麗菜的基本作法

作法

粗鹽 2 小匙

細砂糖 1/2 小匙　粗鹽 2 小匙

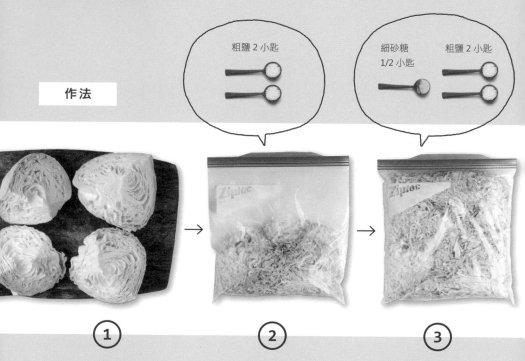

① 剝掉外層的高麗菜葉。切半後切除菜梗，再切成 4 等份，清洗之後瀝乾。可直接切絲（左下圖），或是重疊幾片菜葉之後再切也可以（右下圖）。切得愈細愈容易發酵。

② 要讓切完後的高麗菜入味，秘訣在於把鹽巴分兩次加進去。先將一半份量的高麗菜加入一半份量的鹽巴。

③ 將剩下的高麗菜、鹽巴和細砂糖放進密封袋中，均勻搓揉。大的密封袋可製作一整顆高麗菜份量。

材料

- ☐ 新鮮的高麗菜 ·········· 1 顆（約 1kg）
- ☐ 粗鹽 ························ 4 小匙
- ☐ 細砂糖 ····················· 1/2 小匙

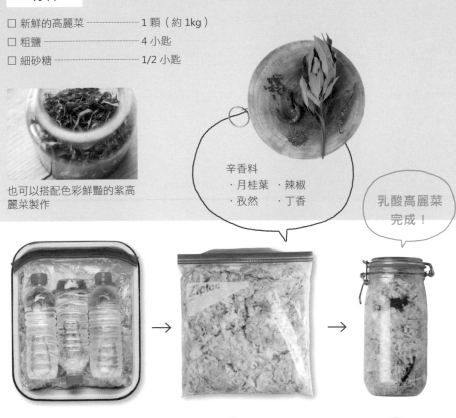

也可以搭配色彩鮮豔的紫高麗菜製作

辛香料
- ·月桂葉　·辣椒
- ·孜然　　·丁香

乳酸高麗菜完成！

→ → →

④ ⑤ ⑥

④
擠出多餘空氣並將袋口封上，利用 3 罐 500ml 的寶特瓶重壓，置放於常溫。用手壓壓看，如果還有多餘空氣的話要再將空氣擠出後，緊閉袋口。

⑤
放置 3 ～ 6 天，可以試試味道，若是有點酸味並出現發泡現象時，就可以將高麗菜移到乾淨的密封瓶中。發酵時的泡泡是由碳酸發酵所引起的，是正常現象。之後不時試試味道，也可以加入自己喜歡的辛香料。

⑥
放進冰箱冷藏保存。日子愈久，酸味會更加濃郁。約可保存 1 個多月。

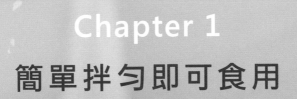

Chapter 1

簡單拌勻即可食用

攪拌、混合、撒上。只要 5 分鐘就立刻完成的簡單
食譜,非常適合忙碌的早晨!想吃的時候簡單快速
就能馬上上桌,也適合作為下酒菜。

只要 1 分鐘
就完成

富士山刨絲起司沙拉

材料（2 人份）

乳酸高麗菜 ····················· 150g
義式奶酪起司（沒有的話，可用帕瑪森
　乾酪起司）····················· 適量
橄欖油 ····················· 1 ～ 2 小匙
現磨黑胡椒 ····················· 少許

作法

在盤子裡放上乳酸高麗菜，再放上刨絲
的起司（份量可依個人喜好添加），淋
上橄欖油，撒上現磨黑胡椒即可。

雙重乳酸菌，舒暢腸道

爽口的高麗菜搭配上濃郁的起司，植物
性和動物性乳酸菌的雙重功效，是整頓
腸道環境的最佳拍檔。起司不只含有豐
富鈣質，也非常容易被人體吸收，可促
進酒精分解，建議與酒類搭配享用。

口感
新鮮滿分

納豆乳酸高麗菜

材料（2 人份）

乳酸高麗菜 ························· 50g
納豆 ······························ 1 盒（50g）

作法

將乳酸高麗菜隨意切斷，加入納豆和納豆附上的醬料與調味料，裝盤即可。

加強腸道功能

搭配富含鎂和維他命 K 的納豆，天天吃都沒問題的「強化腸道沙拉」。黏稠感的納豆菌可活化血液，有效預防心肌梗塞或腦中風，也可預防骨質疏鬆症。

常備菜
首選

柴魚醬油乳酸高麗菜

材料（2 人份）

乳酸高麗菜 ························ 150g
柴魚片 ···························· 10g
醬油 ······························ 1/3 小匙

作法

1 將平底鍋以中火加熱，放入柴魚片，待香氣出來時倒入醬油拌炒。
2 在盤子裡放上乳酸高麗菜，再放上 **1**。

讓細胞開心的常備菜

富含肌苷酸、胺基酸以及獨特美味的柴魚，有活化全身細胞的功效。香氣和美味口感搭配乳酸高麗菜，使腸道和肌膚都美麗。當作拌菜，或是搭配海苔便當，任君隨意組合變化，也可以多做一些作為常備菜使用。

加入自己
喜歡的食材

提升戰鬥力味噌湯

材料（2 人份）

乳酸高麗菜 ························· 80g
個人喜好的食材
　（海帶芽、昆布、豆腐皮等等）
高湯 ····························· 2 杯
味噌 ························· 1 大匙

作法

利用湯鍋將高湯加熱，放入乳酸高麗菜
和自己喜歡的食材，並且放入味噌溶解
後，盛入湯碗即可。

擊退膽固醇

乳酸高麗菜和味噌的組合，非常推薦給
在意血壓和膽固醇的朋友。味噌有分解
酒精功能，宿醉時只要來上一碗立刻提
振精神。乳酸高麗菜的濃郁酸味和美味
跟味噌簡直配合得天衣無縫，請一定要
嚐嚐看。

辣得恰到好處、
提升食慾

韓式乳酸高麗菜

材料（2 人份）

A 韓式泡菜 ·························· 50g

　　豬五花肉 ······················ 120g

B 水 ······························· 2 杯

　　雞湯 ··························· 2 小匙

　　乳酸高麗菜 ················· 80g

麻油 ····························· 1 小匙

蛋 ································· 2 顆

作法

1 鍋子以中火加熱後，倒入麻油，拌炒
A。

2 在 **1** 中加入 **B**，湯汁升溫後，以螺旋
狀方式慢慢放入蛋汁，直到呈現固態
狀時起鍋，盛入碗中即可。

搭配韓式泡菜提升代謝

韓式泡菜是韓國的發酵食品，與乳酸高
麗菜可稱得上是好兄弟。搭配在一起可
提高維他命 B 群的攝取，更加滋潤肌
膚。泡菜內的調味料和雞蛋能提高體
溫，建議將融入美味和營養的湯汁一起
享用，提升新陳代謝。

清爽口感
紅蘿蔔＋羊棲菜

大人味涼拌沙拉 ❶

材料（2 人份）

A 乳酸高麗菜 ⋯⋯ 150g
　美乃滋 ⋯⋯⋯⋯⋯ 1 大匙
　胡椒 ⋯⋯⋯⋯⋯⋯ 少許
　紅蘿蔔 ⋯⋯⋯⋯ 1/5 根
　羊棲菜 ⋯⋯⋯⋯⋯ 3g

作法

1 羊棲菜泡水後汆燙，瀝乾。
2 紅蘿蔔切絲，和 1、A 混合。

豐富的鐵質和膳食纖維

紅蘿蔔的胡蘿蔔素、羊棲菜的鐵質，搭配上乳酸高麗菜營養滿點，當然也少不了豐富的膳食纖維。

排除沉積在
體內的毒素

春色沙拉 ❷

材料（2 人份）

A 乳酸高麗菜 ⋯⋯ 80g
　紫蘇粉 ⋯⋯⋯⋯ 適量
櫻花蝦 ⋯⋯⋯⋯⋯ 3 大匙

作法

將平底鍋加熱，乾煎櫻花蝦，再放入 A 一起拌勻。

春季食材「櫻花蝦」可預防身體「生鏽」

櫻花蝦含有抗氧化效果極高的蝦青素和比菲德氏菌，以及可將累積在體內的毒素排出的甲殼素。搭配香味獨特的紫蘇，也可消除身體疲勞。

舒暢愉快好心情

香草優格沙拉 ❸

材料（2 人份）

A 乳酸高麗菜 ⋯⋯ 80g
　優格 ⋯⋯⋯⋯⋯ 4 大匙
　鹽巴 ⋯⋯⋯⋯⋯ 2 小撮
羅勒 ⋯⋯⋯⋯⋯⋯ 4 片
綠薄荷 ⋯⋯⋯⋯⋯ 2 小段
橄欖油 ⋯⋯⋯⋯ 1/3 小匙
胡椒 ⋯⋯⋯⋯⋯⋯ 少許

作法

將 A 混合，淋上橄欖油，將 3 片羅勒和 1 小段綠薄荷切碎拌入，剩餘的擺盤裝飾即可。

乳酸菌威力一掃宿便

優格包含牛奶的營養素，同時也很容易被人體吸收，跟乳酸高麗菜一樣是屬於發酵食品。搭配在一起享用，可消除擾人的宿便問題。

一盤搞定
所有營養

起司蛋三明治

材料（2 人份）

乳酸高麗菜	100g
起司片	2 片
蛋	2 顆
全麥麵包	2 片
橄欖油	少許
鹽巴、胡椒	各少許
火腿	4 片

作法

將全麥麵包抹上橄欖油，放上乳酸高麗菜和火腿。戳幾個小洞讓蛋汁流入，再撒上鹽巴、胡椒，擺上起司片，放進烤箱烤至表面微焦即可。

與雞蛋一起享用，超完美的營養搭配

雞蛋內富含良性蛋白質，但是美中不足的是缺少維他命 C 與膳食纖維。所以將雞蛋與乳酸高麗菜做搭配，一盤就可以搞定所有營養素的攝取，連同一樣是發酵食品的起司一起吃，更能提升營養功效。

3 分鐘迅速
補充營養

乳酸高麗菜
德國香腸湯

材料（2 人份）

德國香腸 ·························· 2 ～ 4 根
紅蘿蔔（小）·················· 1 根
A 水 ···························· 3 又 1/2 杯
　雞湯 ························· 2 小匙
　乳酸高麗菜 ··············· 150g

作法

1 紅蘿蔔不削皮，用鬃刷清洗後，切成
　4 等份，水煮（也可利用微波爐加熱
　2 ～ 3 分）。

2 在鍋中放入紅蘿蔔和 **A**，煮 3 ～ 5 分
　鐘。再加入德國香腸煮熟即可。（可
　依個人喜好搭配烤麵包或是芥末醬，
　撒上巴西里）。

快速滋補肌膚水潤感

是一道非常簡單又營養滿分的湯品。紅
蘿蔔的表皮富含胡蘿蔔素，所以不建議
削皮，食用之後有助於視力清晰、改善
貧血狀態。另一個美味關鍵在於蛋白質
豐富的德國香腸，搭配富含膳食纖維及
維他命 C 的乳酸高麗菜，一碗就能迅速
補足肌膚所需的滋潤水感。

Chapter 2
美白、美顏
改善肌膚問題

富含維他命 C 和 B 群的乳酸高麗菜是「肌膚的
美味佳餚」。搭配富含膠原蛋白、天然藥材、
抗氧化功效的食材一起製作出的美味食譜，讓
全身上下都美麗、漂亮。

膠原蛋白＋維他命 C
讓肌膚變美麗

燉煮帶骨雞腿乳酸高麗菜

材料（2 人份）

乳酸高麗菜	300g
帶骨雞腿肉	1 支
橄欖油	3 ～ 4 大匙
粗鹽、胡椒（顆粒）	各適量

作法

1 將雞肉均勻抹上鹽巴，關節處對折（不需用力也能輕鬆對折）。

2 使用比較厚的鍋子放進乳酸高麗菜和雞肉，以畫圈方式淋上橄欖油，蓋上蓋子用小火燉煮 30 ～ 40 分鐘左右，為避免燒焦，記得要不時攪拌。

為美麗肌膚帶來無敵的功效

維持肌膚彈潤的膠原蛋白，事實上必須與維他命 C 一同攝取，否則無法被人體吸收。因此，將富含膠原蛋白的雞肉與豐富維他命 C 的乳酸高麗菜搭配成為最強夥伴。維他命 C 有預防斑點及美白功效，也能擊退病毒。不加一滴水，將雞肉的鮮美完全吸收的乳酸高麗菜，濃郁美味到沒話說。

改善血液循環、
調整好氣色

活血乳酸高麗菜湯

材料（2人份）

乳酸高麗菜（紫高麗菜）⋯⋯⋯⋯ 150g
A 肉桂 ⋯⋯⋯⋯⋯⋯⋯⋯⋯⋯⋯⋯ 1/2 根
　生薑（不削皮，切成薄片）⋯ 5 ～ 6 片
　紅辣椒 ⋯⋯⋯⋯⋯⋯⋯⋯⋯⋯ 1 ～ 2 根
　蘑菇 ⋯⋯⋯⋯⋯⋯⋯⋯⋯⋯⋯⋯ 3 朵
紅花 ⋯⋯⋯⋯⋯⋯⋯⋯⋯⋯⋯⋯⋯ 1 小匙
醃漬鱈魚子 ⋯⋯⋯⋯⋯⋯⋯⋯⋯⋯ 1 片
B 水 ⋯⋯⋯⋯⋯⋯⋯⋯⋯⋯⋯⋯ 2 又 1/2 杯
　雞湯 ⋯⋯⋯⋯⋯⋯⋯⋯⋯⋯⋯⋯ 2 小匙

作法

1 將紅花泡在 50cc（份量外）的
水裡約 30 分鐘，待顏色和香
氣釋出。

2 將醃漬鱈魚子切成 4 等份。

3 把 **B** 放進鍋中煮滾，加入 **1**、
A 再煮 5 ～ 6 分鐘，將 **2** 加入
煮熟即可。

提升新陳代謝的活血湯品

氣色不佳、唇色暗沈，以及黑眼
圈問題產生全是因為氣血不活
絡、新陳代謝不好。乳酸高麗菜
加上紅花、生薑、紅辣椒等食材
可以進一步改善這些狀況。也可
解決一些月事不順，手腳冰冷等
困擾。孕婦忌用，月經過多，有
出血傾向的女性不宜用。

利用漢方調理解決
乾燥肌膚問題

週末排毒乳酸高麗菜湯

材料（2 人份）

A 乳酸高麗菜 ························· 150g
　金針菇（切成 1.5cm）········· 1/3 包
　鹽巴、胡椒 ····················· 各少許
薏仁（先浸泡水中 30 分鐘以上）······ 4 大匙
普洱茶 ······························ 500cc
雞湯 ································· 1 大匙
芹菜葉（或是西洋芹）
　（切成 2cm）······················ 1 根

作法

1 用小鍋將薏仁煮軟。

2 將 **1** 用濾網瀝乾，倒入普洱茶、
雞湯煮沸，再將 **A** 加入。最後撒
上芹菜葉即可。

排除毒素、解決肌膚問題

具有利尿效果的薏仁（薏仁籽）能
將老廢物質及毒素排出體外，可預
防肌膚乾燥，消除小肉瘤，搭配乳
酸高麗菜可提升排毒效果。另外值
得一提的是，薏仁是幫助產生新細
胞的超級穀類，但需特別注意，其
排除多餘物質的功能性很強，懷孕
中的孕婦請避免食用。

葡萄柚醬 ❶

材料（2 人份）

乳酸高麗菜	100g
葡萄柚	1/2 顆
橄欖油	1 大匙
酸豆	1 又 1/2 小匙
胡椒	少許

作法

葡萄柚去皮，取出果肉，將所有材料混合均勻即可。

愈吃愈瘦？!

葡萄柚不只富含維他命 C，也有能幫助身體吸收維他命 P。含苦味成分的柚皮苷可分解脂肪，抑制食慾，因此可帶來美肌及減重的雙重功效。

檸檬奶油醬 ❷

材料（2 人份）

乳酸高麗菜（切碎）	60g
生奶油	100cc
高湯粉	1/2 小匙
檸檬汁	1 顆
蜂蜜	1/3 大匙
鹽巴	少許
檸檬皮	適量

作法

以中火熱鍋，將所有材料放入，加熱後起鍋、裝盤，撒上檸檬皮丁即可。

整頓腸道、美麗肌膚

檸檬的維他命 C 可以促進腸道蠕動，調整腸道狀況進而促使美肌美白。蜂蜜的抗氧化作用則可提升肌膚青春活力。

酪梨味噌醬 ❸

材料（2 人份）

乳酸高麗菜	60g
酪梨	1 顆
檸檬汁	1/2 顆
白味噌	1 大匙

作法

1 酪梨削皮，放入檸檬汁混合。
2 在 1 加入白味噌攪拌，再加入乳酸高麗菜拌勻即可。

給肌膚滿滿的營養

酪梨富含補充肌膚滋潤的維他命 E。白味噌含有氨酪酸可抑制過度飲食，最適合減重。

改善皺紋與
斑點增生

焗烤番茄起司

材料（2 人份）

乳酸高麗菜 ⋯⋯⋯⋯⋯⋯⋯ 200g
番茄 ⋯⋯⋯⋯⋯⋯⋯⋯⋯⋯ 1/2 顆
鮭魚罐頭 ⋯⋯⋯⋯⋯⋯⋯⋯ 90g
融化的起司 ⋯⋯⋯⋯⋯⋯⋯ 40g
乳酸高麗菜湯汁 ⋯⋯⋯⋯ 1 大匙

作法

1 將番茄切片約 1cm 寬。
2 在耐熱容器放入乳酸高麗菜、鮭魚及
1，並按順序重疊，最後再放上起
司，淋上乳酸高麗菜湯汁，放進 200
度烤箱裡烤約 15 ～ 20 分至表面微焦
即可。

排除毒素、增強體力

番茄富含茄紅素和酪胺酸，可預防「身
體生鏽」，抑制皺紋、斑點生成。鮭魚
富含鈣質和蝦青素，再加入乳酸高麗菜
湯汁一起料理，可說是威力無窮。

材料（2 人份）

A 乳酸高麗菜 ⋯⋯ 150g
　豆漿 ⋯⋯⋯⋯⋯ 2 杯
　白味噌 ⋯⋯⋯⋯ 1 大匙
雞腿肉 ⋯⋯⋯⋯⋯⋯ 1 個（200g）
葛粉 ⋯⋯⋯⋯⋯⋯ 1 大匙（用 2 大匙水勾芡）
大蒜 ⋯⋯⋯⋯⋯⋯ 1 瓣
橄欖油 ⋯⋯⋯⋯⋯ 1 大匙
水 ⋯⋯⋯⋯⋯⋯⋯ 1 杯

增加女性
荷爾蒙

豆漿白醬燉菜

作法

1 將大蒜切成薄片，雞腿肉切成容易入口的
大小。
2 在鍋裡倒入橄欖油，放入大蒜拌炒至香氣
溢出，再加入雞腿肉炒至金黃色。
3 在 **2** 裡面加入 **A**、水之後燉煮，邊攪拌邊
加入勾芡的葛粉，煮至略稠即可。最後可
以依個人喜好灑上白胡椒增添風味。

提升「女性魅力」的營養寶物

葛粉富含有助於提升女性賀爾蒙、保持美麗
肌膚的大豆異黃酮和皂苷。與同樣富含大豆
異黃酮的豆漿一起料理，更增強功效。葛粉
是屬於預防感冒的天然藥材，也有緩和肩頸
酸痛的作用。

維持
肌膚彈性

越南風味
乳酸高麗菜

材料（2 人份）

乳酸高麗菜 ························ 150g
豬五花肉 ···························· 120g
香菜 ······························· 5 ～ 6 根
魚露 ······························· 5 ～ 6 滴
鹽巴、胡椒 ······················ 各少許
檸檬汁 ······························· 適量

作法

1 豬肉抹上鹽巴，香菜切成 2cm 長。
2 平底鍋以中火加熱，將 **1** 的豬肉煎至
　金黃酥脆，加入乳酸高麗菜拌炒，再
　用魚露調味。
3 將 **2** 和 **1** 的香菜拌在一起，擠上適量
　的檸檬汁即可。

體內清潔溜溜

豬五花肉富含的維他命 B$_2$ 可滋潤皮膚黏
膜組織。乳酸高麗菜和香菜可將堆積在
體內的毒素及有害廢物排除，還可以促
進消化、預防口臭。獨特的香氣散發在
體內，讓心情完全放鬆。

改善便秘、
調整肌膚狀況

椰汁咖哩
乳酸高麗菜

材料（2 人份）

A 乳酸高麗菜（切碎）········· 200g

咖哩粉 ···························· 1 小匙

印度綜合辛香料 ············· 1/4 小匙

蠔油 ··························· 1 又 1/2 小匙

鹽巴 ······························ 3 小撮

胡椒 ······························ 少許

雞湯 ······························ 1 小匙

B 孜然粉 ·························· 1/3 小匙

橄欖油 ··························· 1 大匙

椰粉（粉絲）··················· 40g

玄米（用電鍋煮熟）··········· 1 杯

作法

1 在平底鍋中加入 **B**，以中火拌炒，接著放入椰粉、**A** 之後繼續拌炒。

2 將玄米和 **1** 盛盤，再依個人喜好擺放果乾。

腸道夠力，就是「美肌」的不二法門

椰子和玄米含有豐富的礦物質及纖維，搭配乳酸高麗菜一起料理，有助於體內環保、改善便秘；辛香料可提升代謝力，調整肌膚狀況。

Chapter 3

解決身體的
各種惱人狀況

高麗菜的驚人抗癌效果受到注目，添加乳酸菌後更
是威力無窮、益處多多。改善貧血、手腳冰冷等慢
性病症狀，也能夠預防生活習慣病。

預防
貧血和水腫

文蛤馬鈴薯綜合湯

材料（2 人份）

A 海瓜子、文蛤（吐沙）······ 共 10 顆
B 紅蘿蔔 ································· 1/5 根
　洋蔥 ··································· 1/2 顆
馬鈴薯（大）···························· 1 顆
大蒜（切片）··························· 1/2 瓣
橄欖油 ································· 1 大匙
雞湯 ······························ 1 ～ 2 小匙
鹽巴、胡椒 ·························· 各少許

作法

1 將馬鈴薯切成約 1cm 塊狀，靜置水中約 5 分鐘後放在濾網瀝乾。將 B 切成薄片。

2 在鍋中倒入橄欖油放進大蒜，待香味出來後，加入 1 拌炒約 2 分鐘，倒入蓋過食材的水（份量外），蓋上蓋子，以中小火煮 5 ～ 6 分鐘，以雞湯、鹽巴、胡椒調味。

3 在 2 裡面加入 A，待貝類開口後即可。

提升肝功能以及預防動脈硬化

海瓜子和文蛤裡都有能保護肝臟的牛磺酸，還富含鐵質、維他命、亞鉛，可預防惡性貧血以及動脈硬化；馬鈴薯能去除體內多餘水分和鈉，改善水腫。

預防慢性病

香烤舞菇乳酸高麗菜

材料（2 人份）

A 乳酸高麗菜 ⋯⋯⋯⋯ 100g
　生薑 ⋯⋯⋯⋯⋯⋯⋯⋯ 1/2 片
舞菇 ⋯⋯⋯⋯⋯⋯⋯⋯⋯ 1 包
鮭魚 ⋯⋯⋯⋯⋯⋯⋯⋯⋯ 1 片
酒 ⋯⋯⋯⋯⋯⋯⋯⋯⋯⋯ 2 大匙
鹽巴、胡椒 ⋯⋯⋯⋯⋯ 適量
橄欖油 ⋯⋯⋯⋯⋯⋯⋯⋯ 1 大匙

作法

1 將鮭魚切成 4 等份，撒上鹽巴和胡椒，放在鋁箔紙上，將 A 和撕成絲的舞菇疊在上面，淋上酒，再以畫圈方式淋上橄欖油，將鋁箔紙包起來。
2 用小烤箱烤約 5 ～ 7 分鐘，將鮭魚烤熟。依個人喜好撒上切碎的青蔥即可。

美味營養、預防癌症

菇類的抗癌效果首屈一指；鮭魚含有豐富抗氧化的蝦青素，此食譜可說是預防文明病最強的料理。鮭魚的膠原蛋白和乳酸高麗菜的維他命 C 相輔相成，可提升美肌效果。生薑則可去除魚類腥味，亦能幫助提高體溫。

提升肝功能、
改善慢性疲勞及失眠

乳酸高麗菜蚵仔煎

材料（2 人份）

（蚵仔煎）
乳酸高麗菜 —————— 100g
牡蠣 ——————————— 8 顆
蛋 ————————————— 4 顆
鹽巴、胡椒 —————— 各少許
麻油 ———————————— 2 小匙

（醬料）
番茄醬 ———————————— 3 大匙
雞湯 ————————————— 1 小匙
太白粉 ———————————— 1 小匙
水 ——————————————— 3 大匙

作法

1 擦乾牡蠣的水分。
2 在調理盆中放入蛋、乳酸高麗菜、鹽巴、胡椒混合。
3 將平底鍋以中火加熱，倒入麻油，將牡蠣兩面稍微煎熟。把 **2** 倒入，靜置 1 分鐘後，均勻攪拌，待邊緣熟透，往內將牡蠣包起，盛盤。
4 擦拭平底鍋，將醬料的材料加入攪拌至稍微黏稠，淋在蚵仔煎上。

推薦給偏好酒味的愛好者
牡蠣含有牛磺酸有助於減緩慢性疲勞以及失眠，提升肝臟功能，也非常適合作為下酒菜。雞蛋中含有維他命 C，除了沒有膳食纖維之外，稱得上是含有超多營養素的完美食物，與乳酸高麗菜搭配得天衣無縫，是一道營養均衡的美味料理。

高齡者保健

鮮蝦佐黑芝麻醋

材料（2人份）

乳酸高麗菜	100g
芝麻醬（或是現磨芝麻）	3 大匙
蝦子（去殼）	8 隻
甜醋	1 又 1/2 大匙

作法

1 在加入少許鹽巴的熱水中快速汆燙蝦子（變色即可）。
2 調理盆中放入芝麻醬和甜醋均勻攪拌，再將 1 和乳酸高麗菜放入攪拌即可。

黑色食物是維持青春活力的關鍵

黑色食材可提高腎臟功能並維持年輕元氣。黑芝麻更被譽名為「長生不老」的超級食物，富含多酚可預防白髮；芝麻素和維他命 E 能活絡血液，調整肌膚狀況。與乳酸高麗菜搭配，可幫助鈣質吸收，而蝦子的蝦青素也能讓人體維持正常體溫。

活性腦部、預防失智

核桃鮪魚乳酸高麗菜

材料（2人份）

A 乳酸高麗菜	100g
搗碎的核桃	2 大匙
鮪魚罐頭	1 罐
橄欖油	1/2 小匙
現磨胡椒	少許

核桃活化腦部

中醫醫學有「以形補形」的說法，與器官形狀相似的食材來調養身體各部位。形狀與腦部相似的核桃可預防失智症，堅果的油質和膳食纖維可幫助排便順暢。

作法

去除鮪魚罐頭的油，將鮪魚倒入調理盆中，把 A 和橄欖油加入，混合攪拌，盛盤，撒上胡椒即可。

增強肌力、
健康減重

梅子雞肉
乳酸高麗菜

材料（2 人份）

A 乳酸高麗菜（紫）⋯⋯⋯⋯ 120g
　 梅子肉 ⋯⋯⋯⋯⋯⋯⋯⋯ 1、2 顆
　 麻油 ⋯⋯⋯⋯⋯⋯⋯⋯⋯ 2 小匙
雞胸肉 ⋯⋯⋯⋯⋯⋯⋯⋯⋯ 2 塊
芹菜葉 ⋯⋯⋯⋯⋯⋯⋯⋯⋯ 1/2 把
鹽巴 ⋯⋯⋯⋯⋯⋯⋯⋯⋯⋯ 少許
太白粉 ⋯⋯⋯⋯⋯⋯⋯⋯⋯ 適量

作法

1 將雞胸肉切小塊，鋪上薄薄的鹽巴和
　 太白粉。
2 將水煮沸，放入 1 小撮鹽巴（份量
　 外）汆燙芹菜葉，撈起將水分去除，
　 再切成約 3cm 寬。
3 再用同一鍋熱水以小火汆燙 1。
4 將 2 和 3 放進調理盆中，最後加入 A
　 拌勻即可。

健康維持好體態

低卡路里、高蛋白質的雞胸肉，對於健
康減重是不可或缺的好食材。其富含維
他命 A 和 B，與乳酸高麗菜做搭配，可
發揮美肌的功效。芹菜葉在中醫學裡有
活絡氣血的功效；梅肉的酸味則能幫助
恢復元氣。

活化細胞
重返青春活力

乳酸高麗菜煎餅

材料（2 人份）

A 乳酸高麗菜 ················ 150g
　 花枝（去除薄膜，切圓片）
　 ······························ 1 杯
B 低筋麵粉 ···················· 2 大匙
　 小麥粉 ······················· 50g
　 高湯 ························· 1/4 杯
　 蛋 ··························· 1 顆
　 麻油 ························· 1 大匙

（醬料）
乳酸高麗菜湯汁 ············ 2 大匙
蔥花 ························· 1 大匙
醬油 ······················· 1/2 大匙
辣油 ························· 少許

紅辣椒絲 ···················· 適量
紫蘇 ························· 3 片

作法

1 將醬料的材料混合。
2 在調理盆中放入 **B** 均勻攪拌，再加入
　 A。
3 平底鍋加熱，均勻倒入 **2**，將兩面煎
　 至表面金黃即可，盛盤，撒上紫蘇並
　 附上 **1**。

一次解決女性各種身體煩惱

花枝有造血、淨化作用，並富含維持青
春活力的牛磺酸，有效改善月事異常以
及婦女病問題，也可預防動脈硬化及高
血壓，活化肝臟、恢復元氣。紅辣椒絲
可提升代謝；紫蘇可活絡氣血，也能增
進食慾。

調整
腸胃功能

乳酸高麗菜粉條

材料（2 人份）

乳酸高麗菜 ························· 150g
粉條 ································· 130g
雞絞肉 ····························· 100g
牛蒡 ······························· 1/2 根
細蔥（斜切片）················· 1 根
A 高湯 ·························· 1 又 1/2 杯
　醬油 ···························· 1 大匙
　細砂糖 ························· 2 小匙
麻油 ······························· 1 大匙

作法

1 粉條汆燙後，切成容易入口的長度，
　牛蒡刨絲，泡水 5 分鐘後，瀝乾。

2 以中火熱鍋，放入 **1** 拌炒。

3 在 **2** 加入麻油、雞絞肉繼續拌炒，再
　將 **A** 和乳酸高麗菜放入，待湯汁稍
　微收乾，撒上細蔥即可。

預防腸胃不適

高麗菜自古就被當作是治療十二指腸的
秘藥，其作用是保護虛胃和腸壁黏膜。
與肉類做搭配可減少油脂吸收，加上細
蔥則讓口感更清爽。

改善經期
不順、虛胖

涼拌章魚薄片沙拉

材料（2 人份）

章魚 ⋯⋯⋯⋯⋯⋯⋯⋯⋯⋯⋯⋯⋯ 140g
西洋芹 ⋯⋯⋯⋯⋯⋯⋯⋯⋯⋯⋯⋯ 1/2 根
A 檸檬汁 ⋯⋯⋯⋯⋯⋯⋯⋯⋯⋯⋯ 1/2 顆
　橄欖油 ⋯⋯⋯⋯⋯⋯⋯⋯⋯⋯⋯ 1 大匙
　鹽巴、胡椒 ⋯⋯⋯⋯⋯⋯⋯⋯⋯ 各少許

（大蒜優格醬）
B 乳酸高麗菜（切碎）⋯⋯⋯⋯⋯ 80g
　優格 ⋯⋯⋯⋯⋯⋯⋯⋯⋯⋯⋯ 2～3 大匙
　鹽巴、胡椒、橄欖油、蒜泥 ⋯⋯ 各少許

（番茄高麗菜醬料）
C 紫高麗菜（切碎）⋯⋯⋯⋯⋯⋯ 80g
　切丁番茄 ⋯⋯⋯⋯⋯⋯⋯⋯⋯ 2～3 大匙
　鹽巴、胡椒、紅辣椒（粉）、
　檸檬汁 ⋯⋯⋯⋯⋯⋯⋯⋯⋯⋯ 各少許

作法

1 去除粗筋的西洋芹和章魚切成 5mm 寬，放進調
　理盆撒上 **A** 拌勻，盛盤。
2 將 **B**、**C** 各自均勻混合做成 2 種醬料，附上 **1**。
　可依個人喜好撒上巴西里。

通體舒暢的超強料理

章魚富含維他命 B_2，也就是「美容維他命」。可
以改善氣血不順、生理失調，給予秀髮光澤和水
潤，也有預防肥胖的功效。再加上優格和乳酸高
麗菜，效果更佳。

Chapter 4
不必挨餓的健康減重

口感絕佳的乳酸高麗菜，和肉類料理做搭配簡直是天生一對。超級飽足又營養，是抑制過多卡路里吸收的絕妙夥伴，有助於提升消化、加強代謝。吃再多也不必擔心。

融入肉汁的
高麗菜美味滿分

鹽味高麗菜燉豬肉

材料（2 人份）

豬里肌肉 ·············· 400g

粗鹽 ················· 1/2 大匙

A 乳酸高麗菜 ········· 300 ～ 400g

　胡椒 ················ 10 顆

　水 ················· 5 杯

作法

1 在塑膠袋中放入豬里肌肉，均勻抹上粗鹽，冷藏靜置一晚。

2 利用厚一點的鍋子以中火加熱，將豬肉表面水分擦乾後置入鍋中，加入 A，蓋上蓋子。煮滾時轉小火再煮約 40 分鐘～ 1 小時之後關火靜置，慢慢冷卻，使其更入味。享用之前再加熱，切成容易入口的大小，盛盤。

早晨醒來，精神飽滿

乳酸高麗菜有軟化肉類的作用。豬肉可以恢復元氣、活化腸道，進而改善便祕問題，也有助於肌膚保持水潤光澤。中藥食材當中，有一說法是豬腳可以刺激母乳增生，也富含膠原蛋白，若在此道料理中加入，也可以讓功效大大加分。另外加入番茄醬汁燉煮的話，就會變成希臘人的傳統聖誕節料理，不妨嘗試看看。

口感十足、
恢復體力

香煎乳酸高麗菜
漢堡排

材料（2 人份）

A 絞肉 ························ 250g
　 粗鹽 ························ 少許
B 乳酸高麗菜（切絲）····· 150g
　 橄欖油 ····················· 1/2 大匙
　 胡椒 ························ 少許
油菜花（鹽水汆燙）········· 5、6 株
檸檬奶油醬（p.34）

作法

1 將 **A** 放入調理盆中，仔細攪拌，再加入
　 B 混合。待黏稠感產生時，捏成橢圓形
　 （2 個）。
2 使用平底鍋，以中火加熱，倒入 1 大匙
　 的橄欖油（份量外），將 **1** 的兩面煎
　 熟，在鍋底倒入 2 ～ 3 大匙的水，蓋上
　 蓋子，燜煮約 5 分鐘。
3 和油菜花一起盛盤，淋上檸檬奶油醬即
　 可。

飽足感滿點、口感卻很清爽

牛肉、豬肉都有恢復元氣的功用，還能保
持肌肉耐力、維持末梢神經正常運作。搭
配乳酸高麗菜，有助於提高身體各項機能
以及抵抗力。加入乳酸高麗菜的漢堡肉排
富含膳食纖維，營養大大提升。

黏稠的黏液素
讓細胞充滿元氣

四川風味山藥炒豬肉

材料（2 人份）

乳酸高麗菜（紫）	100g
山藥	1/4 根
豬肉	150g
大蒜	1 瓣
鹽巴、胡椒	各少許
小麥粉	適量
麻油	2 大匙

（醬料）

酒	2 大匙
豆瓣醬	2 小匙
醬油	2 小匙
砂糖	1 大匙
味噌	1 又 1/2 大匙

作法

1 將醬料的材料混合攪拌均勻。

2 大蒜拍碎，山藥用鬃刷清洗，帶皮切成短籤形狀。豬肉大小配合山藥大小切成片，撒上鹽巴、胡椒，稍微沾點小麥粉。

3 平底鍋放入一半份量的麻油（1 大匙），加入大蒜，待香味出來時，再放入豬肉拌炒，半熟狀態下加入另一半份量的麻油，加入山藥繼續拌炒。

4 最後將 1 放入調味，加入乳酸高麗菜後，盛盤。

滋陰補陽的「山藥」

山藥在中醫醫學當中稱作「山中良藥」，具黏稠感的黏液素，可活化細胞，讓身體恢復元氣。

辛辣夠味、
大滿足的湯品

乳酸高麗菜酸辣湯

材料（2 人份）

乳酸高麗菜 ⋯⋯⋯⋯⋯⋯⋯⋯ 150g
泰式酸辣湯包（市售）⋯⋯⋯ 1 包
蝦子 ⋯⋯⋯⋯⋯⋯⋯⋯⋯⋯ 8 隻
蘑菇 ⋯⋯⋯⋯⋯⋯⋯⋯⋯⋯ 5 顆
杏鮑菇 ⋯⋯⋯⋯⋯⋯⋯⋯⋯ 1 株
檸檬草（切半）⋯⋯⋯⋯⋯⋯ 1 根

作法

1 在鍋中倒入酸辣湯包、檸檬草、適量
的水加熱。

2 接著放入乳酸高麗菜、蘑菇、杏鮑
菇、蝦子，煮熟後，盛盤。可依個人
喜好放上香菜裝飾。

辛香微辣口感、幫助維持好體態

泰式酸辣湯中的辛香辣味和酸味，有助
於提高代謝，幫助維持好體態。檸檬草
可以刺激副交感神經，恢復元氣，蝦子
可助於提高體溫，搭配乳酸高麗菜滋味
更是一絕。

> 增強體力的
> 麵食佳餚

高麗菜鹽味炒麵

材料（2 人份）

生薑（帶皮切絲）········· 1 片
乳酸高麗菜 ················· 150g
中華炒麵麵條 ··············· 2 球
A 青椒 ······················· 2 顆
　豆芽菜（半包）········· 100g
　黑木耳 ···················· 5 ～ 6 朵
　豬五花肉 ················· 60g
麻油 ························· 1 大匙
B 雞湯 ······················· 2 小匙
　鹽巴、胡椒 ·············· 各少許

作法

1 將生薑帶皮切絲，把 **A** 切成容易入口的大小。
2 平底鍋加入麻油和生薑，待香氣產生時，加入 **A** 的豬肉，肉的顏色改變時，再放入蔬菜、乳酸高麗菜、麵條拌炒，加入 **B** 調味，可依個人喜好添加一味粉。

提升體溫、增強免疫力

青椒中含有 β 胡蘿蔔素和維他命A，和油脂一起拌炒最能提高吸收率。提升體溫的生薑和豬肉；保護腎臟機能的黑木耳，再搭配乳酸高麗菜，有助於增強免疫力。

充滿豐富的
維他命

韓式拌飯

材料（2 人份）

玄米 ………………………… 1 杯
南瓜 ………………………… 100g
美乃滋 ……………………… 1 小匙

（乳酸高麗菜配菜）
A 乳酸高麗菜 ……………… 100g
　麻油 ………………………… 1 小匙
　胡椒 ………………………… 1 小匙
　鹽巴 ………………………… 2 小撮

（豆芽菜配菜）
B 豆芽菜 ……………………… 1/2 包
　麻油 ………………………… 1 小匙
　胡椒 ………………………… 1 小匙
　鹽巴 ………………………… 2 小撮
＊可依個人喜好添加大蒜或是大蒜粉

（韓式辣肉醬）
絞肉 ………………………… 200g
大蒜（切碎）………………… 1/2 瓣
麻油 ………………………… 2 小匙
C 醬油 ………………………… 1 小匙
　韓式辣椒醬 ………………… 2 大匙
　味噌 ………………………… 1 大匙

作法

1 把 **A** 的材料全部混合拌勻、把 **B** 的材料全部混合拌勻。

2 製作韓式辣肉醬：以中火將平底鍋加熱，加入麻油、大蒜，待香味產生時，再將絞肉拌炒成碎肉狀，加入 **C** 調味。

3 取出南瓜籽，包上保鮮膜，用微波爐設定 600W 微波 2 分鐘之後，切成 2cm 塊狀，加入美乃滋拌勻。

4 將玄米飯盛盤，在玄米飯上放 **1**、**2**、**3** 即可。依個人喜好撒上白芝麻。

抗老化的超級丼飯

胡蘿蔔素豐富的南瓜，除了有美肌效果之外，還可預防糖尿病、慢性病等症狀，表皮的營養素最豐富，所以建議帶皮一起享用。玄米有排除壞膽固醇的豐富維他命 E，被稱為「回春的維他命」，與肉類做搭配，更是道營養滿分的超級丼飯。

降低
膽固醇

菇類義大利麵

材料（2 人份）

A 乳酸高麗菜	·············	150g
香菇	·················	2 株
鴻禧菇	··············	1/2 包
B 大蒜（切薄片）	··········	1 瓣
紅辣椒	··············	1 根
橄欖油	··············	2 大匙
義大利麵	············	160g
雞湯（也可使用雞湯塊 2 塊）	····	1 小匙
海苔	·················	適量
鹽巴、胡椒	···········	各適量

作法

1 先水煮義大利麵。

2 將 **A** 切成容易入口大小。

3 平底鍋內放入 **B**，以小火加熱，待香味產生後，加入 **A** 以中火拌炒。

4 將 **1** 撈起，去除水分，加入 **3** 裡拌炒，並加入雞湯，用鹽巴、胡椒調味。盛盤，撒上海苔即可。

營養豐富的菇類

香菇富含子實體的菌種，此菌種是可以完整食用、非常珍貴的食材。裡面富含 β - 葡聚糖的膳食纖維，可活化細胞，和乳酸高麗菜搭配可提升免疫力、降低膽固醇。將各種菇類一起享用，營養大大升級。

炸肉捲

材料（2 人份）

乳酸高麗菜 ························ 130g
豬肉（薄片）···················· 100g
A 鹽巴、胡椒、小麥粉 ······ 各少許

（麵衣）
小麥粉 ···························· 1 大匙
蛋汁（蛋 1 顆、水 1 大匙、小麥粉 1 大匙）
麵包粉 ···························· 適量
炸油 ······························ 適量

（優格豆腐塔塔醬）
涓豆腐 ···························· 1/4 塊
瀝乾的優格 ······················ 5 大匙
鹽巴、胡椒 ······················ 各少許

萵苣 ······························ 適量

作法

1 把優格用廚房紙巾包起，放在濾網上靜置 2 小時～ 1 晚瀝乾。涓豆腐以 600W 微波加熱 3 分鐘，再用手捏碎。

2 把 **1** 和鹽巴、胡椒混合，做成優格豆腐塔塔醬。

3 在砧板上排列豬肉片撒上 **A**。再把乳酸高麗菜放在上面，往前捲起，每一捲都薄薄地鋪上小麥粉，沾完蛋汁後，裹上麵包粉，以 175 ～ 180 度炸至酥脆起鍋。

4 切成容易入口大小後，盛盤，擺上萵苣、優格豆腐塔塔醬即可。

提升消化功能、清爽的肉類料理

炸豬肉和乳酸高麗菜的完美組合，口感清爽不膩，有助於提升消化功效。低脂的優格豆腐塔塔醬，適合搭配任何一款炸物料理。

最強發酵食！乳酸高麗菜

不只是泡菜！從主菜、調味料、點心到下酒菜，營養便利、美味百搭

作　　　者	井澤由美子
譯　　　者	鄒季恩
文字編輯	陳淑萍
責任編輯	莊雅雯
封面設計	劉佳華
內頁排版	張靜怡

發 行 人　許彩雪
出 版 者　常常生活文創股份有限公司
E-mail　goodfood@taster.com.tw
地　　址　台北市 106 大安區建國南路 1 段 304 巷 29 號 1 樓

讀者服務專線　(02) 2325-2332
讀者服務傳真　(02) 2325-2252
讀者服務信箱　goodfood@taster.com.tw
讀者服務專頁　https://www.facebook.com/goodfood.taster

法律顧問　浩宇法律事務所
總 經 銷　大和圖書有限公司
電　　話　(02) 8990-2588（代表號）
傳　　真　(02) 2290-1658

製版印刷　凱林彩印股份有限公司
初版一刷　2017 年 2 月
定　　價　新台幣 250 元
I S B N　978-986-93655-9-8

國家圖書館出版品預行編目（CIP）資料

最強發酵食！乳酸高麗菜：不只是泡菜！從主菜、
調味料、點心到下酒菜，營養便利、美味百搭／
井澤由美子作；鄒季恩譯 . -- 初版 . -- 臺北市：
常常生活文創, 2017.2
80 面；14.8×21 公分 .
譯自：痩せる！きれいになる！病気にならない！
　　　乳酸キャベツ健康レシピ
ISBN 978-986-93655-9-8（平裝）

1. 食譜　2. 養生

427.1　　　　　　　　　　　　　　　106000959

YASERU! KIREININARU! BYOUKINI NARANAI! NYUSANKYABETSU KENKOURECIPE
by Yumiko Izawa
Copyright © 2016 Yumiko Izawa
All rights reserved.
Original Japanese edition published by Magazine House Co., Ltd.
Traditional Chinese translation copyright © 2017 by Taster Cultural & Creative Co., Ltd.
This Traditional Chinese edition published by arrangement with Magazine House Co., Ltd.
through HonnoKizuna, Inc., Tokyo, and Future AMANN CO., LTD., Taipei